# Table of Contents

| Sections: | Day: |
|---|---|
| Adding Digits 0-5 .................................................. | 1-8 |
| Adding Digits 0-7 .................................................. | 9-16 |
| Adding Digits 0-10 ................................................ | 17-40 |
| Subtracting Digits 0-10 ........................................ | 41-48 |
| Subtracting Digits 10-20 ...................................... | 49-60 |
| Subtracting Digits 0-20 ........................................ | 61-80 |
| Adding and Subtracting ....................................... | 81-100 |
| Answer Key ........................................................... | 103-107 |

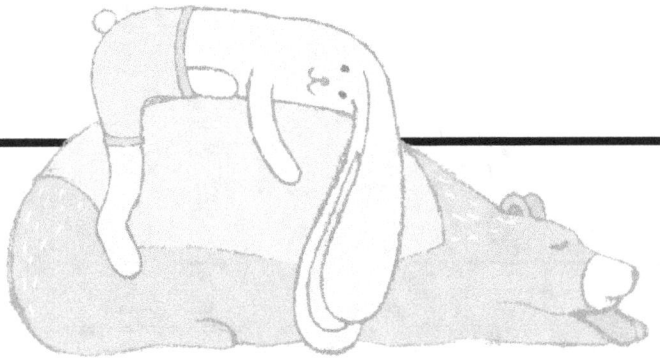

Name _____   Score /20

## Adding Digits 0-5

### Day (01)

```
  2          1          0          3
+ 0        + 3        + 1        + 4
____       ____       ____       ____


  3          5          4          1
+ 1        + 4        + 1        + 0
____       ____       ____       ____


  4          2          3          4
+ 5        + 2        + 2        + 2
____       ____       ____       ____


  4          1          0          2
+ 5        + 0        + 0        + 4
____       ____       ____       ____


  3          0          0          2
+ 0        + 0        + 0        + 2
____       ____       ____       ____
```

| Name _____ | Score /20 |

## Adding Digits 0-5

### Day (02)

```
   4          3          4          1
+  3       +  1       +  2       +  0
 ───        ───        ───        ───


   1          5          5          4
+  5       +  1       +  1       +  2
 ───        ───        ───        ───


   2          5          4          1
+  1       +  3       +  5       +  4
 ───        ───        ───        ───


   5          4          0          4
+  4       +  0       +  5       +  2
 ───        ───        ───        ───


   1          0          3          1
+  4       +  3       +  0       +  3
 ───        ───        ───        ───
```

# Name _____    Score /20

## Adding Digits 0-5

### Day (03)

```
   2          3          0          2
+  1       +  0       +  5       +  2
____       ____       ____       ____


   5          5          4          3
+  1       +  1       +  3       +  3
____       ____       ____       ____


   3          5          3          1
+  5       +  4       +  1       +  0
____       ____       ____       ____


   0          3          2          1
+  0       +  3       +  3       +  1
____       ____       ____       ____


   3          1          2          5
+  2       +  0       +  5       +  4
____       ____       ____       ____
```

Name _____  Score /20

## Adding Digits 0-5

### Day (04)

```
   5        5        5        1
+  2     +  0     +  5     +  3
─────    ─────    ─────    ─────
═════    ═════    ═════    ═════


   4        0        3        2
+  1     +  1     +  2     +  3
─────    ─────    ─────    ─────
═════    ═════    ═════    ═════


   5        2        2        1
+  0     +  0     +  1     +  5
─────    ─────    ─────    ─────
═════    ═════    ═════    ═════


   0        3        5        4
+  0     +  5     +  0     +  3
─────    ─────    ─────    ─────
═════    ═════    ═════    ═════


   0        5        5        3
+  0     +  5     +  4     +  3
─────    ─────    ─────    ─────
═════    ═════    ═════    ═════
```

Name _____  Score /20

## Adding Digits 0-5

### Day (05)

```
    5         3         3         2
+   3     +   4     +   4     +   2
 ─────     ─────     ─────     ─────
 ═════     ═════     ═════     ═════


    2         1         3         5
+   2     +   3     +   5     +   5
 ─────     ─────     ─────     ─────
 ═════     ═════     ═════     ═════


    3         1         3         4
+   5     +   0     +   3     +   1
 ─────     ─────     ─────     ─────
 ═════     ═════     ═════     ═════


    2         1         1         5
+   4     +   2     +   1     +   2
 ─────     ─────     ─────     ─────
 ═════     ═════     ═════     ═════


    2         0         4         0
+   2     +   3     +   1     +   3
 ─────     ─────     ─────     ─────
 ═════     ═════     ═════     ═════
```

Name _____  Score /20

## Adding Digits 0-5

### Day (06)

```
   1        2        3        4
+  3     +  1     +  2     +  3
_____    _____    _____    _____


   4        4        4        5
+  3     +  3     +  2     +  1
_____    _____    _____    _____


   5        2        0        1
+  3     +  2     +  4     +  3
_____    _____    _____    _____


   1        4        5        2
+  4     +  2     +  0     +  5
_____    _____    _____    _____


   3        5        4        5
+  4     +  0     +  0     +  3
_____    _____    _____    _____
```

Name _____

Score /20

## Adding Digits 0-5

### Day (07)

```
    4          5          5          5
+   4      +   3      +   0      +   0
─────      ─────      ─────      ─────


    2          1          2          5
+   5      +   0      +   3      +   3
─────      ─────      ─────      ─────


    3          3          0          1
+   5      +   2      +   4      +   0
─────      ─────      ─────      ─────


    2          5          2          2
+   5      +   2      +   1      +   5
─────      ─────      ─────      ─────


    0          2          5          3
+   5      +   3      +   0      +   4
─────      ─────      ─────      ─────
```

Name _____   Score /20

## Adding Digits 0-5

### Day (08)

| 3 | 2 | 0 | 5 |
|---|---|---|---|
| + 4 | + 3 | + 0 | + 1 |

| 3 | 4 | 3 | 3 |
|---|---|---|---|
| + 4 | + 2 | + 4 | + 4 |

| 0 | 5 | 5 | 3 |
|---|---|---|---|
| + 5 | + 1 | + 2 | + 5 |

| 3 | 5 | 1 | 0 |
|---|---|---|---|
| + 0 | + 4 | + 2 | + 4 |

| 3 | 3 | 3 | 3 |
|---|---|---|---|
| + 0 | + 0 | + 5 | + 4 |

Name _____   Score /20

## Adding Digits 0-7

### Day (09)

| 1 | 6 | 1 | 7 |
|---|---|---|---|
| + 2 | + 1 | + 0 | + 2 |

| 2 | 6 | 1 | 6 |
|---|---|---|---|
| + 6 | + 3 | + 5 | + 2 |

| 0 | 0 | 5 | 1 |
|---|---|---|---|
| + 7 | + 1 | + 3 | + 5 |

| 5 | 3 | 1 | 1 |
|---|---|---|---|
| + 2 | + 0 | + 3 | + 0 |

| 2 | 0 | 1 | 0 |
|---|---|---|---|
| + 5 | + 7 | + 7 | + 4 |

**Name** _____  **Score** /20

## Adding Digits 0-7

### Day (10)

```
   6        0        4        1
+  5     +  3     +  4     +  7
―――      ―――      ―――      ―――


   4        0        1        4
+  7     +  1     +  3     +  6
―――      ―――      ―――      ―――


   2        4        0        6
+  3     +  0     +  2     +  6
―――      ―――      ―――      ―――


   4        5        2        7
+  2     +  2     +  2     +  3
―――      ―――      ―――      ―――


   4        5        6        7
+  3     +  3     +  2     +  7
―――      ―――      ―――      ―――
```

| Name _____ | Score /20 |

## Adding Digits 0-7

### Day (11)

```
   2          4          5          3
+  6       +  1       +  4       +  2
_____     _____     _____     _____


   5          1          6          2
+  3       +  5       +  1       +  2
_____     _____     _____     _____


   5          3          2          4
+  5       +  4       +  7       +  5
_____     _____     _____     _____


   5          5          5          6
+  4       +  2       +  1       +  7
_____     _____     _____     _____


   7          0          7          4
+  4       +  3       +  1       +  5
_____     _____     _____     _____
```

Name _____   Score /20

## Adding Digits 0-7

### Day (12)

```
   4          2          1          5
+  6       +  1       +  1       +  0
====       ====       ====       ====

   7          7          2          2
+  4       +  3       +  3       +  1
====       ====       ====       ====

   6          5          5          2
+  4       +  2       +  6       +  2
====       ====       ====       ====

   2          7          2          5
+  1       +  4       +  3       +  1
====       ====       ====       ====

   6          0          3          6
+  2       +  3       +  4       +  2
====       ====       ====       ====
```

Name _____  Score /20

## Adding Digits 0-7

### Day (13)

| | | | |
|---|---|---|---|
| 0<br>+ 5 | 2<br>+ 2 | 5<br>+ 3 | 3<br>+ 2 |
| 6<br>+ 5 | 5<br>+ 5 | 1<br>+ 5 | 6<br>+ 3 |
| 3<br>+ 3 | 5<br>+ 1 | 1<br>+ 7 | 3<br>+ 4 |
| 4<br>+ 1 | 2<br>+ 6 | 3<br>+ 5 | 6<br>+ 1 |
| 2<br>+ 0 | 4<br>+ 6 | 7<br>+ 0 | 6<br>+ 3 |

| Name _____ | Score /20 |

## Adding Digits 0-7

### Day (14)

```
   7        7        6        1
+  4     +  1     +  6     +  2
 ___      ___      ___      ___


   7        4        3        2
+  6     +  1     +  1     +  2
 ___      ___      ___      ___


   5        6        1        6
+  7     +  5     +  1     +  5
 ___      ___      ___      ___


   1        7        7        0
+  3     +  5     +  2     +  2
 ___      ___      ___      ___


   4        3        0        6
+  1     +  0     +  7     +  4
 ___      ___      ___      ___
```

Name _____    Score /20

## Adding Digits 0-7

### Day (15)

```
   1          3          6          7
+  6       +  4       +  7       +  0
_____     _____     _____     _____


   1          0          3          6
+  0       +  0       +  0       +  3
_____     _____     _____     _____


   6          4          1          2
+  7       +  2       +  7       +  4
_____     _____     _____     _____


   7          4          1          5
+  0       +  7       +  0       +  6
_____     _____     _____     _____


   2          2          4          1
+  5       +  3       +  3       +  1
_____     _____     _____     _____
```

Name _____ Score /20

## Adding Digits 0-7

### Day (16)

|   1   |   1   |   7   |   0   |
|-------|-------|-------|-------|
| + 6   | + 1   | + 0   | + 5   |

|   7   |   1   |   4   |   5   |
|-------|-------|-------|-------|
| + 3   | + 7   | + 6   | + 0   |

|   5   |   3   |   3   |   5   |
|-------|-------|-------|-------|
| + 4   | + 5   | + 0   | + 0   |

|   5   |   6   |   6   |   4   |
|-------|-------|-------|-------|
| + 1   | + 1   | + 4   | + 7   |

|   7   |   6   |   0   |   5   |
|-------|-------|-------|-------|
| + 2   | + 5   | + 3   | + 7   |

Name _____    Score /20

## Adding Digits 0-10

### Day (17)

```
   6          4          3          2
+  5       +  4       +  1       +  7
_____     _____     _____     _____


   3          5          4          7
+  0       +  6       +  6       +  5
_____     _____     _____     _____


   4          9          2          5
+  8       + 10       +  8       +  5
_____     _____     _____     _____


   1          3         10          3
+  7       +  0       +  1       +  7
_____     _____     _____     _____


   1          9          9          4
+  2       +  0       +  7       +  1
_____     _____     _____     _____
```

Name _____  Score /20

## Adding Digits 0-10

### Day (18)

| | | | |
|---|---|---|---|
| 0 + 1 | 3 + 0 | 10 + 0 | 8 + 5 |
| 9 + 6 | 3 + 9 | 3 + 6 | 10 + 2 |
| 5 + 4 | 2 + 0 | 5 + 2 | 4 + 6 |
| 9 + 2 | 0 + 0 | 4 + 4 | 2 + 7 |
| 3 + 0 | 8 + 6 | 5 + 2 | 1 + 3 |

# Name _____  Score /20

## Adding Digits 0-10

### Day (19)

|  |  |  |  |
|---|---|---|---|
| 10 <br> + 3 | 7 <br> + 7 | 8 <br> + 5 | 3 <br> + 9 |
| 7 <br> + 10 | 5 <br> + 3 | 1 <br> + 7 | 5 <br> + 6 |
| 10 <br> + 8 | 3 <br> + 3 | 0 <br> + 2 | 3 <br> + 10 |
| 6 <br> + 7 | 10 <br> + 10 | 1 <br> + 5 | 8 <br> + 6 |
| 5 <br> + 3 | 9 <br> + 8 | 5 <br> + 4 | 2 <br> + 10 |

Name _____    Score /20

## Adding Digits 0-10

### Day (20)

```
   5         8         3         6
+  9      +  3      +  7      +  9
─────     ─────     ─────     ─────
═════     ═════     ═════     ═════


   2         5         6         0
+  7      +  0      +  1      +  8
─────     ─────     ─────     ─────
═════     ═════     ═════     ═════


   6         3         0         4
+  8      +  2      +  7      +  2
─────     ─────     ─────     ─────
═════     ═════     ═════     ═════


   1         5         9         4
+  3      +  1      +  2      +  7
─────     ─────     ─────     ─────
═════     ═════     ═════     ═════


   0         4         9         2
+  1      +  0      +  8      +  9
─────     ─────     ─────     ─────
═════     ═════     ═════     ═════
```

# Name _____

**Score** /20

## Adding Digits 0-10

### Day (21)

```
    9          5          2          5
+   7      +   1      +   4      +  10
━━━━━      ━━━━━      ━━━━━      ━━━━━


    7          8          8          8
+  10      +   1      +   6      +   3
━━━━━      ━━━━━      ━━━━━      ━━━━━


    2          1          5          6
+   4      +   1      +   9      +   8
━━━━━      ━━━━━      ━━━━━      ━━━━━


    4          9          2          3
+   0      +   1      +   5      +   2
━━━━━      ━━━━━      ━━━━━      ━━━━━


    5          0          1          8
+   7      +   4      +   5      +   0
━━━━━      ━━━━━      ━━━━━      ━━━━━
```

Name _____  Score /20

## Adding Digits 0-10

### Day (22)

| 4 + 0 = | 9 + 7 = | 7 + 2 = | 5 + 0 = |
| 4 + 3 = | 0 + 4 = | 8 + 8 = | 7 + 5 = |
| 10 + 0 = | 10 + 0 = | 1 + 2 = | 0 + 8 = |
| 3 + 2 = | 8 + 6 = | 0 + 6 = | 1 + 6 = |
| 0 + 7 = | 2 + 7 = | 4 + 3 = | 0 + 4 = |

Name _____  Score /20

## Adding Digits 0-10

### Day (23)

```
    3          5          6          2
+   8      +   6      +   5      +   6
─────      ─────      ─────      ─────
═════      ═════      ═════      ═════


    3         10         10          1
+   5      +   5      +   8      +   8
─────      ─────      ─────      ─────
═════      ═════      ═════      ═════


    8          0          6         10
+   5      +   1      +   9      +  10
─────      ─────      ─────      ─────
═════      ═════      ═════      ═════


    4          6          3          4
+   9      +   1      +   5      +   5
─────      ─────      ─────      ─────
═════      ═════      ═════      ═════


    9          3          8          1
+  10      +   2      +   1      +   9
─────      ─────      ─────      ─────
═════      ═════      ═════      ═════
```

Name _____  Score /20

## Adding Digits 0-10

### Day (24)

```
   9          5          1          4
+  8       +  9       +  8       +  7
____       ____       ____       ____


   8          6         10          2
+  6       +  1       +  0       +  0
____       ____       ____       ____


  10          5          0          8
+  5       +  0       +  5       +  7
____       ____       ____       ____


   0          1          7          8
+  4       +  8       +  6       +  1
____       ____       ____       ____


   5          3          5          0
+  9       + 10       +  3       +  6
____       ____       ____       ____
```

Name _____  Score /20

## Adding Digits 0-10

### Day (25)

```
   10         10          8           2
+   7      +   8       +  0        +  3
━━━━━      ━━━━━       ━━━━━       ━━━━━


    7          0          4           7
+   1      +   5       +  6        +  8
━━━━━      ━━━━━       ━━━━━       ━━━━━


    0          4          7           7
+   5      +   5       +  7        +  4
━━━━━      ━━━━━       ━━━━━       ━━━━━


   10          1          1           6
+   9      +  10       +  9        +  6
━━━━━      ━━━━━       ━━━━━       ━━━━━


    8          8          4           4
+   3      +   8       +  0        +  6
━━━━━      ━━━━━       ━━━━━       ━━━━━
```

Name _____    Score /20

## Adding Digits 0-10

### Day (26)

|   4   |   0   |   9   |   3   |
|+  8   |+  4   |+  6   |+  0   |

|   2   |   5   |   9   |   5   |
|+  1   |+  6   |+  2   |+  0   |

|   8   |   5   |   0   |  10   |
|+  6   |+  5   | + 10  |+  6   |

|   3   |   0   |   6   |   9   |
|+  6   | + 10  |+  8   |+  7   |

|   3   |   7   |   6   |   0   |
|+  1   |+  0   |+  5   |+  5   |

Name _____   Score /20

## Adding Digits 0-10

### Day (27)

|  |  |  |  |
|---|---|---|---|
| 1<br>+ 2 | 4<br>+ 9 | 7<br>+ 2 | 7<br>+ 7 |
| 1<br>+ 7 | 0<br>+ 7 | 6<br>+ 3 | 3<br>+ 6 |
| 4<br>+ 1 | 9<br>+ 5 | 8<br>+ 2 | 1<br>+ 7 |
| 5<br>+ 3 | 1<br>+ 4 | 4<br>+ 0 | 7<br>+ 9 |
| 5<br>+ 3 | 4<br>+ 1 | 8<br>+ 0 | 8<br>+ 5 |

Name _____   Score /20

## Adding Digits 0-10

### Day (28)

```
   0         1         2         6
+  9      +  4      +  4      +  7
_____    _____    _____    _____


   0         4         2         3
+  7      +  2      +  9      + 10
_____    _____    _____    _____


   7         6        10         2
+  4      +  7      +  1      + 10
_____    _____    _____    _____


   2         6         8         0
+  2      +  8      +  2      +  7
_____    _____    _____    _____


   3         8         7         7
+  2      +  9      +  6      +  6
_____    _____    _____    _____
```

Name _____   Score /20

## Adding Digits 0-10

### Day (29)

|   |   |   |   |
|---|---|---|---|
| 6 <br> + 10 | 10 <br> + 1 | 4 <br> + 9 | 5 <br> + 6 |
| 3 <br> + 2 | 3 <br> + 9 | 4 <br> + 9 | 10 <br> + 6 |
| 10 <br> + 4 | 8 <br> + 10 | 6 <br> + 9 | 5 <br> + 6 |
| 7 <br> + 1 | 8 <br> + 4 | 2 <br> + 9 | 2 <br> + 3 |
| 3 <br> + 3 | 5 <br> + 0 | 2 <br> + 0 | 4 <br> + 10 |

Name _____  Score /20

## Adding Digits 0-10

### Day (30)

```
   9          7          3          5
+  8       +  1       +  7       +  8
 ───        ───        ───        ───
 ═══        ═══        ═══        ═══


   6          9          6          1
+  1       +  9       +  7       +  3
 ───        ───        ───        ───
 ═══        ═══        ═══        ═══


   8          3         10          5
+  1       +  1       +  8       +  8
 ───        ───        ───        ───
 ═══        ═══        ═══        ═══


   0          7          4          0
+  2       +  3       +  8       +  1
 ───        ───        ───        ───
 ═══        ═══        ═══        ═══


   0          4          8          6
+  9       +  4       +  2       +  7
 ───        ───        ───        ───
 ═══        ═══        ═══        ═══
```

| | | Score |
|---|---|---|
| Name _____ | | /20 |

## Adding Digits 0-10

### Day (31)

|   1    |   5    |   5    |   0    |
|:------:|:------:|:------:|:------:|
| +  0   | +  4   | +  5   | + 10   |


|  10    |   5    |   0    |  10    |
|:------:|:------:|:------:|:------:|
| +  0   | +  9   | +  4   | +  2   |


|   8    |   0    |   5    |   2    |
|:------:|:------:|:------:|:------:|
| +  7   | +  7   | +  7   | +  8   |


|   2    |  10    |   0    |   4    |
|:------:|:------:|:------:|:------:|
| +  2   | +  0   | +  8   | +  9   |


|   0    |   3    |   2    |   7    |
|:------:|:------:|:------:|:------:|
| +  2   | +  4   | +  3   | +  6   |

Name _____   Score /20

## Adding Digits 0-10

### Day (32)

```
   9          9          8           2
+  4       +  0       +  0       + 10
_____     _____     _____     _____


   0          4          8           1
+  1       +  4       +  3       +  0
_____     _____     _____     _____


   9          3         10           7
+  4       +  9       +  0       +  8
_____     _____     _____     _____


   4          3         10           4
+  4       +  2       +  4       +  6
_____     _____     _____     _____


   2          6          3          10
+ 10       + 10       +  1       +  2
_____     _____     _____     _____
```

# Name _____  Score /20

## Adding Digits 0-10

### Day (33)

```
   4         1         9         4
+  3      +  2      +  3      +  8
_____    _____    _____    _____


   9         4         9         6
+  3      +  2      +  1      +  9
_____    _____    _____    _____


  10         7         0         2
+  8      +  9      +  4      +  9
_____    _____    _____    _____


   9         9        10        10
+  7      + 10      +  3      +  1
_____    _____    _____    _____


   8         4         2         9
+ 10      +  4      +  2      +  8
_____    _____    _____    _____
```

Name _____   Score /20

## Adding Digits 0-10

### Day (34)

$$\begin{array}{r}9\\+\phantom{0}1\\\hline\end{array}\qquad\begin{array}{r}4\\+\phantom{0}2\\\hline\end{array}\qquad\begin{array}{r}1\\+\phantom{0}0\\\hline\end{array}\qquad\begin{array}{r}0\\+\phantom{0}9\\\hline\end{array}$$

$$\begin{array}{r}10\\+\phantom{0}4\\\hline\end{array}\qquad\begin{array}{r}7\\+\phantom{0}1\\\hline\end{array}\qquad\begin{array}{r}0\\+\phantom{0}5\\\hline\end{array}\qquad\begin{array}{r}7\\+\phantom{0}9\\\hline\end{array}$$

$$\begin{array}{r}7\\+\phantom{0}8\\\hline\end{array}\qquad\begin{array}{r}5\\+\phantom{0}10\\\hline\end{array}\qquad\begin{array}{r}9\\+\phantom{0}8\\\hline\end{array}\qquad\begin{array}{r}5\\+\phantom{0}1\\\hline\end{array}$$

$$\begin{array}{r}1\\+\phantom{0}1\\\hline\end{array}\qquad\begin{array}{r}8\\+\phantom{0}8\\\hline\end{array}\qquad\begin{array}{r}5\\+\phantom{0}4\\\hline\end{array}\qquad\begin{array}{r}2\\+\phantom{0}7\\\hline\end{array}$$

$$\begin{array}{r}5\\+\phantom{0}10\\\hline\end{array}\qquad\begin{array}{r}5\\+\phantom{0}5\\\hline\end{array}\qquad\begin{array}{r}1\\+\phantom{0}5\\\hline\end{array}\qquad\begin{array}{r}2\\+\phantom{0}8\\\hline\end{array}$$

Name _____     Score /20

## Adding Digits 0-10

### Day (35)

```
    5          7          6          8
+   5      +   0      +   5      +   1
_____      _____      _____      _____
=====      =====      =====      =====


    0          2          4          9
+  10      +   5      +   2      +   1
_____      _____      _____      _____
=====      =====      =====      =====


    7          2          9          7
+   6      +   7      +   8      +   3
_____      _____      _____      _____
=====      =====      =====      =====


    8         10          3          7
+   3      +   3      +   7      +   3
_____      _____      _____      _____
=====      =====      =====      =====


    1          6          6          9
+   0      +   8      +  10      +   5
_____      _____      _____      _____
=====      =====      =====      =====
```

Name _____

Score /20

## Adding Digits 0-10

### Day (36)

```
   2          10          10           2
+  6        +  9        +  2        + 10
----        ----        ----        ----
====        ====        ====        ====


   5           3           8           4
+  2        +  9        + 10        +  6
----        ----        ----        ----
====        ====        ====        ====


   6           8           1           3
+  1        +  7        +  7        +  4
----        ----        ----        ----
====        ====        ====        ====


  10           1           5           8
+  5        +  8        +  4        +  3
----        ----        ----        ----
====        ====        ====        ====


   7           0           3           8
+  0        +  2        + 10        + 10
----        ----        ----        ----
====        ====        ====        ====
```

Name _____  Score /20

## Adding Digits 0-10

### Day (37)

```
   4          3          9          8
+  4       +  2       +  5       +  8
____       ____       ____       ____


  10          4          0          9
+  3       +  7       +  5       +  3
____       ____       ____       ____


   7          3         10          9
+  6       + 10       +  3       +  4
____       ____       ____       ____


   1          2          8          9
+  7       +  7       +  2       +  1
____       ____       ____       ____


   1          2          2          0
+ 10       +  0       +  2       +  6
____       ____       ____       ____
```

Name _____    Score /20

## Adding Digits 0-10

### Day (38)

```
   2          6          1          4
+  6       +  6       +  2       +  9
_____     _____     _____     _____


   4          6          4          9
+  2       +  5       +  4       + 10
_____     _____     _____     _____


   8          5          5          6
+  8       +  6       +  7       +  6
_____     _____     _____     _____


   2          2          8          3
+  4       + 10       +  7       +  5
_____     _____     _____     _____


   5          9          2          4
+  0       +  9       +  5       +  9
_____     _____     _____     _____
```

# Name _____     Score /20

## Adding Digits 0-10

### Day (39)

| 10 + 8 | 4 + 2 | 10 + 6 | 3 + 9 |
| 5 + 2 | 10 + 6 | 4 + 2 | 9 + 7 |
| 1 + 7 | 9 + 5 | 4 + 10 | 10 + 8 |
| 9 + 0 | 1 + 1 | 0 + 6 | 0 + 1 |
| 9 + 4 | 3 + 2 | 4 + 5 | 6 + 0 |

Name _____ Score /20

## Adding Digits 0-10

### Day (40)

|  3    |  0   |  4    |  8   |
|-------|------|-------|------|
| + 10  | + 8  | + 10  | + 8  |

|  8    |  6   |  6   |  9   |
|-------|------|------|------|
| + 10  | + 5  | + 0  | + 2  |

|  8   |  4   | 10   | 10   |
|------|------|------|------|
| + 9  | + 5  | + 4  | + 9  |

|  1   |  9   |  7   |  9   |
|------|------|------|------|
| + 6  | + 9  | + 0  | + 4  |

|  4   |  8   |  1   |  3    |
|------|------|------|-------|
| + 4  | + 5  | + 9  | + 10  |

Name _____  Score /20

## Subtracting Digits 0-10

### Day (41)

```
  7        7       10        7
- 5      - 1      - 3      - 2
___      ___      ___      ___


 10        9        9        7
- 3      - 4      - 0      - 3
___      ___      ___      ___


  8        7        9        7
- 4      - 5      - 3      - 5
___      ___      ___      ___


  7        7        9       10
- 5      - 4      - 0      - 4
___      ___      ___      ___


  7        8        8       10
- 5      - 3      - 1      - 2
___      ___      ___      ___
```

Name _____  Score /20

## Subtracting Digits 0-10

### Day (42)

| 10 − 1 = | 9 − 0 = | 9 − 3 = | 7 − 0 = |
| 6 − 1 = | 6 − 0 = | 9 − 4 = | 10 − 4 = |
| 6 − 4 = | 7 − 4 = | 8 − 0 = | 9 − 2 = |
| 9 − 1 = | 8 − 3 = | 10 − 3 = | 6 − 4 = |
| 7 − 1 = | 6 − 3 = | 7 − 3 = | 10 − 2 = |

Name _____   Score /20

## Subtracting Digits 0-10

### Day (43)

```
  9        9        6        9
- 0      - 3      - 3      - 5
___      ___      ___      ___


  9        8        9        6
- 3      - 2      - 0      - 2
___      ___      ___      ___


 10       10        8        7
- 1      - 0      - 1      - 4
___      ___      ___      ___


  8        9        8        6
- 2      - 3      - 1      - 5
___      ___      ___      ___


  9       10        6        7
- 1      - 4      - 3      - 4
___      ___      ___      ___
```

Name _____  Score /20

## Subtracting Digits 0-10

### Day (44)

| | | | |
|---|---|---|---|
| 9 − 4 = | 8 − 1 = | 7 − 5 = | 8 − 2 = |
| 6 − 4 = | 9 − 1 = | 6 − 0 = | 8 − 5 = |
| 6 − 1 = | 8 − 0 = | 7 − 0 = | 10 − 3 = |
| 8 − 2 = | 9 − 0 = | 8 − 2 = | 9 − 1 = |
| 7 − 3 = | 9 − 4 = | 9 − 4 = | 8 − 0 = |

Name _____   Score /20

## Subtracting Digits 0-10

### Day (45)

|   6   |   7   |   8   |   7   |
| ----- | ----- | ----- | ----- |
| - 1   | - 3   | - 3   | - 5   |

|  10   |   7   |   8   |   8   |
| ----- | ----- | ----- | ----- |
| - 2   | - 0   | - 0   | - 1   |

|   7   |   8   |   9   |   7   |
| ----- | ----- | ----- | ----- |
| - 4   | - 0   | - 1   | - 5   |

|   7   |   9   |   9   |   8   |
| ----- | ----- | ----- | ----- |
| - 2   | - 5   | - 0   | - 0   |

|   9   |  10   |   9   |   9   |
| ----- | ----- | ----- | ----- |
| - 2   | - 3   | - 0   | - 3   |

Name _____     Score /20

## Subtracting Digits 0-10

### Day (46)

| 6 | 10 | 7 | 7 |
|---|----|---|---|
| - 4 | - 5 | - 1 | - 1 |

| 8 | 6 | 7 | 8 |
|---|---|---|---|
| - 3 | - 1 | - 0 | - 3 |

| 7 | 10 | 10 | 6 |
|---|----|----|---|
| - 4 | - 2 | - 2 | - 3 |

| 8 | 6 | 9 | 6 |
|---|---|---|---|
| - 3 | - 0 | - 1 | - 4 |

| 8 | 8 | 8 | 9 |
|---|---|---|---|
| - 3 | - 1 | - 0 | - 1 |

Name _____  Score /20

## Subtracting Digits 0-10

### Day (47)

```
  7        9        7       10
- 1      - 2      - 3     -  1
____     ____     ____    ____


  9        8        8       10
- 5      - 5      - 0     -  1
____     ____     ____    ____


  9       10        6        9
- 3      - 2      - 4     -  5
____     ____     ____    ____


 10        9        7        7
- 0      - 1      - 2     -  0
____     ____     ____    ____


 10       10        6        7
- 0      - 5      - 2     -  3
____     ____     ____    ____
```

Name _____  Score /20

## Subtracting Digits 0-10

### Day (48)

|   8   |   8   |   9   |  10   |
| - 4   | - 3   | - 5   | - 3   |

|  10   |   7   |   9   |   9   |
| - 1   | - 5   | - 0   | - 4   |

|   7   |  10   |   7   |   7   |
| - 1   | - 0   | - 2   | - 4   |

|   6   |   7   |   9   |  10   |
| - 2   | - 1   | - 3   | - 2   |

|  10   |   9   |   8   |   8   |
| - 5   | - 3   | - 5   | - 5   |

Name _____   Score /20

## Subtracting Digits 10-20

Day (49)

```
  19        18        20        19
-  15     -  15     -  15     -  14
_____    _____    _____    _____


  18        17        17        20
-  12     -  11     -  13     -  12
_____    _____    _____    _____


  17        16        19        20
-  11     -  14     -  10     -  10
_____    _____    _____    _____


  16        18        19        18
-  13     -  14     -  15     -  10
_____    _____    _____    _____


  16        19        18        17
-  11     -  14     -  13     -  15
_____    _____    _____    _____
```

Name _____  Score /20

## Subtracting Digits 10-20

### Day (50)

| 16 | 19 | 17 | 16 |
|---|---|---|---|
| - 12 | - 14 | - 15 | - 12 |

| 20 | 16 | 16 | 20 |
|---|---|---|---|
| - 12 | - 12 | - 12 | - 12 |

| 19 | 17 | 17 | 16 |
|---|---|---|---|
| - 12 | - 10 | - 12 | - 13 |

| 17 | 17 | 17 | 20 |
|---|---|---|---|
| - 12 | - 12 | - 13 | - 13 |

| 17 | 16 | 16 | 16 |
|---|---|---|---|
| - 12 | - 13 | - 15 | - 11 |

Name _____  Score /20

## Subtracting Digits 10-20

Day (51)

| | | | |
|---|---|---|---|
| 20 − 12 | 20 − 13 | 18 − 10 | 16 − 14 |
| 19 − 14 | 20 − 14 | 18 − 14 | 18 − 15 |
| 19 − 11 | 19 − 12 | 20 − 14 | 16 − 13 |
| 18 − 13 | 16 − 11 | 17 − 13 | 16 − 14 |
| 17 − 12 | 19 − 13 | 18 − 15 | 18 − 15 |

Name _____  Score /20

## Subtracting Digits 10-20

### Day (52)

|  19   |  19   |  20   |  18   |
| - 10  | - 10  | - 12  | - 14  |

|  18   |  16   |  20   |  17   |
| - 10  | - 13  | - 12  | - 14  |

|  16   |  18   |  18   |  19   |
| - 11  | - 11  | - 12  | - 15  |

|  20   |  18   |  18   |  20   |
| - 11  | - 11  | - 11  | - 14  |

|  19   |  18   |  20   |  18   |
| - 14  | - 14  | - 12  | - 11  |

Name _____    Score /20

## Subtracting Digits 10-20

### Day (53)

| 18 − 10 = | 19 − 10 = | 19 − 11 = | 16 − 10 = |
| 20 − 14 = | 19 − 10 = | 18 − 14 = | 16 − 10 = |
| 16 − 10 = | 20 − 12 = | 18 − 10 = | 18 − 11 = |
| 17 − 12 = | 19 − 12 = | 17 − 13 = | 19 − 12 = |
| 17 − 11 = | 16 − 14 = | 17 − 10 = | 19 − 11 = |

Name _____  Score /20

## Subtracting Digits 10-20

### Day (54)

| | | | |
|---|---|---|---|
| 16<br>− 13 | 18<br>− 12 | 16<br>− 11 | 17<br>− 14 |
| 17<br>− 13 | 16<br>− 11 | 16<br>− 11 | 17<br>− 14 |
| 20<br>− 13 | 17<br>− 11 | 19<br>− 10 | 16<br>− 14 |
| 17<br>− 13 | 17<br>− 14 | 17<br>− 13 | 18<br>− 15 |
| 16<br>− 12 | 18<br>− 12 | 20<br>− 14 | 17<br>− 13 |

Name _____   Score /20

## Subtracting Digits 10-20

Day (55)

| | | | |
|---|---|---|---|
| 18<br>− 10 | 19<br>− 10 | 16<br>− 13 | 17<br>− 12 |
| 20<br>− 13 | 18<br>− 10 | 17<br>− 10 | 19<br>− 14 |
| 18<br>− 10 | 19<br>− 14 | 19<br>− 14 | 16<br>− 12 |
| 17<br>− 11 | 18<br>− 11 | 19<br>− 15 | 19<br>− 12 |
| 18<br>− 15 | 20<br>− 13 | 20<br>− 13 | 19<br>− 15 |

Name _____  Score /20

## Subtracting Digits 10-20

### Day (56)

| | | | |
|---|---|---|---|
| 20 − 12 | 20 − 15 | 16 − 13 | 20 − 10 |
| 19 − 10 | 17 − 14 | 19 − 11 | 19 − 10 |
| 19 − 12 | 20 − 12 | 18 − 10 | 19 − 15 |
| 16 − 15 | 17 − 13 | 18 − 10 | 17 − 11 |
| 18 − 15 | 17 − 13 | 19 − 13 | 18 − 11 |

Name _____   Score /20

## Subtracting Digits 10-20

### Day (57)

| | | | |
|---|---|---|---|
| 19 − 15 | 19 − 13 | 16 − 12 | 19 − 11 |
| 18 − 11 | 17 − 12 | 17 − 14 | 19 − 12 |
| 16 − 11 | 19 − 15 | 19 − 15 | 16 − 10 |
| 18 − 11 | 20 − 10 | 19 − 15 | 19 − 14 |
| 18 − 12 | 18 − 12 | 17 − 11 | 19 − 11 |

Name _____   Score /20

## Subtracting Digits 10-20

Day (58)

```
  16        20        20        19
-  12      - 11      - 10      - 12
 ____      ____      ____      ____


  17        19        16        17
-  15      - 11      - 15      - 12
 ____      ____      ____      ____


  18        18        18        16
-  10      - 12      - 11      - 11
 ____      ____      ____      ____


  18        16        18        20
-  13      - 14      - 12      - 12
 ____      ____      ____      ____


  20        19        19        19
-  15      - 14      - 15      - 11
 ____      ____      ____      ____
```

Name _____    Score /20

## Subtracting Digits 10-20

Day (59)

| | | | |
|---|---|---|---|
| 18 − 10 | 20 − 10 | 18 − 12 | 20 − 15 |
| 20 − 15 | 17 − 13 | 18 − 10 | 18 − 12 |
| 19 − 15 | 16 − 13 | 18 − 11 | 17 − 12 |
| 19 − 13 | 17 − 13 | 17 − 15 | 20 − 12 |
| 20 − 12 | 17 − 14 | 18 − 14 | 17 − 11 |

Name _____   Score /20

## Subtracting Digits 10-20

### Day (60)

| 20 − 12 = | 20 − 13 = | 16 − 10 = | 16 − 10 = |
| --- | --- | --- | --- |
| 17 − 11 = | 16 − 13 = | 16 − 10 = | 16 − 15 = |
| 17 − 12 = | 19 − 10 = | 19 − 13 = | 17 − 14 = |
| 20 − 12 = | 17 − 14 = | 18 − 10 = | 17 − 14 = |
| 17 − 15 = | 19 − 15 = | 17 − 11 = | 20 − 13 = |

| Name _____ | Score /20 |

## Subtracting Digits 0-20

### Day (61)

```
  18        15        18        17
-  2      -  4      -  0      -  3
____      ____      ____      ____


  19        14        19        17
-  4      -  9      -  5      -  3
____      ____      ____      ____


  20        14        19        16
-  4      -  4      -  3      - 10
____      ____      ____      ____


  20        13        17        16
-  8      -  0      -  8      -  2
____      ____      ____      ____


  14        19        13        15
-  3      -  9      -  6      -  7
____      ____      ____      ____
```

Name _____  Score /20

## Subtracting Digits 0-20

### Day (62)

```
  20        15        11        14
-  9      -  3      -  2      -  0
====      ====      ====      ====


  18        18        18        11
-  8      -  0      -  0      -  9
====      ====      ====      ====


  12        18        12        19
-  4      -  9      -  7      - 10
====      ====      ====      ====


  11        15        18        14
-  4      -  0      -  4      -  9
====      ====      ====      ====


  17        16        15        12
-  4      -  9      -  6      -  2
====      ====      ====      ====
```

Name _____   Score /20

## Subtracting Digits 0-20

### Day (63)

| 13 | 14 | 12 | 12 |
|---|---|---|---|
| - 2 | - 9 | - 7 | - 5 |

| 12 | 19 | 11 | 20 |
|---|---|---|---|
| - 4 | - 4 | - 2 | - 4 |

| 11 | 16 | 13 | 19 |
|---|---|---|---|
| - 1 | - 0 | - 3 | - 3 |

| 14 | 15 | 20 | 20 |
|---|---|---|---|
| - 8 | - 7 | - 9 | - 1 |

| 13 | 14 | 18 | 13 |
|---|---|---|---|
| - 7 | - 2 | - 10 | - 4 |

Name _____    Score /20

## Subtracting Digits 0-20

### Day (64)

| 12 − 2 = | 17 − 1 = | 16 − 3 = | 14 − 9 = |
| 12 − 0 = | 17 − 4 = | 16 − 1 = | 19 − 10 = |
| 13 − 1 = | 18 − 8 = | 15 − 0 = | 20 − 8 = |
| 19 − 6 = | 13 − 2 = | 14 − 1 = | 18 − 0 = |
| 16 − 3 = | 12 − 8 = | 20 − 1 = | 15 − 4 = |

Name _____  Score /20

## Subtracting Digits 0-20

### Day (65)

| 15 - 6 | 18 - 3 | 19 - 6 | 11 - 5 |
|---|---|---|---|

| 16 - 5 | 19 - 1 | 19 - 0 | 16 - 0 |
|---|---|---|---|

| 11 - 0 | 17 - 4 | 11 - 6 | 14 - 3 |
|---|---|---|---|

| 20 - 7 | 17 - 3 | 20 - 5 | 17 - 6 |
|---|---|---|---|

| 17 - 1 | 18 - 1 | 16 - 1 | 16 - 2 |
|---|---|---|---|

| Name _____ | Score /20 |

## Subtracting Digits 0-20

### Day (66)

```
  14        13        19        20
-  6      -  5      -  3      -  2
____      ____      ____      ____


  15        19        13        18
-  2      -  1      -  6      -  6
____      ____      ____      ____


  13        16        15        16
-  2      -  8      -  1      -  0
____      ____      ____      ____


  12        19        20        20
-  6      -  9      -  7      -  1
____      ____      ____      ____


  11        19        13        20
-  0      -  8      -  2      -  9
____      ____      ____      ____
```

Name _____   Score /20

## Subtracting Digits 0-20

### Day (67)

| | | | |
|---|---|---|---|
| 11 − 4 | 20 − 6 | 12 − 0 | 20 − 4 |
| 19 − 0 | 20 − 4 | 19 − 10 | 19 − 10 |
| 18 − 10 | 13 − 0 | 18 − 7 | 18 − 7 |
| 15 − 4 | 17 − 3 | 20 − 4 | 18 − 2 |
| 19 − 9 | 15 − 0 | 17 − 6 | 12 − 7 |

Name _____  Score /20

## Subtracting Digits 0-20

### Day (68)

| 18 − 7 | 20 − 3 | 14 − 9 | 16 − 9 |
| 19 − 5 | 15 − 2 | 18 − 6 | 16 − 4 |
| 12 − 0 | 16 − 1 | 17 − 6 | 17 − 10 |
| 12 − 3 | 14 − 2 | 18 − 5 | 20 − 8 |
| 20 − 9 | 15 − 5 | 11 − 9 | 15 − 3 |

Name _____    Score /20

## Subtracting Digits 0-20

### Day (69)

```
  14        16        14        17
-  1      -  0      -  0      -  2
____      ____      ____      ____


  13        11        12        13
-  3      -  5      -  0      - 10
____      ____      ____      ____


  18        15        18        18
-  9      -  6      -  7      -  5
____      ____      ____      ____


  13        20        12        14
-  2      -  9      -  9      -  6
____      ____      ____      ____


  11        19        20        18
-  7      -  7      -  1      -  9
____      ____      ____      ____
```

Name _____   Score /20

## Subtracting Digits 0-20

### Day (70)

| 11 - 10 | 17 - 2 | 18 - 7 | 13 - 6 |

| 13 - 0 | 17 - 8 | 11 - 10 | 19 - 8 |

| 11 - 1 | 14 - 5 | 17 - 2 | 16 - 10 |

| 11 - 5 | 17 - 2 | 13 - 0 | 20 - 8 |

| 20 - 1 | 18 - 9 | 20 - 6 | 17 - 5 |

# Name _____     Score /20

## Subtracting Digits 0-20

### Day (71)

|   15 |   15 |   15 |   14 |
| - 1  | - 10 | - 8  | - 4  |

|   15 |   17 |   12 |   17 |
| - 10 | - 5  | - 6  | - 9  |

|   19 |   13 |   19 |   20 |
| - 7  | - 4  | - 1  | - 9  |

|   19 |   12 |   19 |   17 |
| - 4  | - 3  | - 10 | - 1  |

|   11 |   18 |   16 |   16 |
| - 4  | - 4  | - 10 | - 7  |

Name _____    Score /20

## Subtracting Digits 0-20

### Day (72)

| 17 | 15 | 13 | 16 |
|----|----|----|----|
| - 5 | - 7 | - 0 | - 3 |

| 15 | 17 | 17 | 20 |
|----|----|----|----|
| - 9 | - 3 | - 1 | - 9 |

| 17 | 12 | 19 | 20 |
|----|----|----|----|
| - 1 | - 1 | - 7 | - 5 |

| 17 | 14 | 19 | 13 |
|----|----|----|----|
| - 1 | - 9 | - 4 | - 1 |

| 18 | 15 | 13 | 16 |
|----|----|----|----|
| - 10 | - 7 | - 0 | - 0 |

Name _____     Score /20

## Subtracting Digits 0-20

### Day (73)

```
  11        15        16        17
-  1      -  9      -  5      -  9
____      ____      ____      ____


  12        18        17        13
-  3      -  8      -  6      -  9
____      ____      ____      ____


  13        16        12        18
-  2      -  9      -  0      - 10
____      ____      ____      ____


  20        17        15        14
-  0      -  7      -  0      -  3
____      ____      ____      ____


  15        15        19        14
-  2      -  3      -  2      - 10
____      ____      ____      ____
```

Name _____    Score /20

## Subtracting Digits 0-20

### Day (74)

| | | | |
|---|---|---|---|
| 15 − 3 = | 16 − 10 = | 20 − 3 = | 13 − 2 = |
| 11 − 8 = | 20 − 0 = | 20 − 2 = | 20 − 7 = |
| 14 − 1 = | 15 − 10 = | 20 − 4 = | 17 − 2 = |
| 13 − 2 = | 18 − 6 = | 15 − 3 = | 14 − 2 = |
| 16 − 10 = | 20 − 5 = | 18 − 6 = | 18 − 9 = |

Name _____

Score /20

## Subtracting Digits 0-20

Day (75)

```
  19        16        19        15
-  3      -  0      -  5      -  8
-----     -----     -----     -----


  19        16        20        11
-  5      -  5      -  1      -  1
-----     -----     -----     -----


  17        20        20        12
-  1      -  1      -  8      -  0
-----     -----     -----     -----


  11        15        14        12
-  4      -  0      - 10      -  8
-----     -----     -----     -----


  15        15        13        12
-  7      -  2      -  2      -  6
-----     -----     -----     -----
```

Name _____   Score /20

## Subtracting Digits 0-20

### Day (76)

| 18 − 0 | 20 − 14 | 17 − 1 | 19 − 14 |
| --- | --- | --- | --- |
| 19 − 1 | 20 − 11 | 16 − 15 | 18 − 2 |
| 19 − 12 | 20 − 5 | 20 − 4 | 19 − 14 |
| 16 − 2 | 18 − 1 | 17 − 13 | 17 − 11 |
| 18 − 13 | 17 − 12 | 19 − 13 | 17 − 9 |

Name _____  Score /20

## Subtracting Digits 0-20

### Day (77)

| 16 - 0 | 16 - 9 | 17 - 9 | 19 - 4 |

| 18 - 15 | 16 - 0 | 19 - 1 | 17 - 15 |

| 17 - 1 | 20 - 3 | 20 - 13 | 20 - 4 |

| 20 - 9 | 19 - 0 | 17 - 5 | 18 - 7 |

| 20 - 0 | 19 - 7 | 20 - 6 | 19 - 5 |

Name _____  Score /20

## Subtracting Digits 0-20

### Day (78)

| 20 - 11 = | 18 - 10 = | 19 - 14 = | 19 - 15 = |
| --- | --- | --- | --- |
| 19 - 5 = | 20 - 15 = | 20 - 13 = | 16 - 9 = |
| 16 - 2 = | 18 - 0 = | 19 - 1 = | 17 - 15 = |
| 18 - 7 = | 19 - 15 = | 17 - 7 = | 19 - 8 = |
| 17 - 11 = | 17 - 1 = | 16 - 1 = | 17 - 13 = |

Name _____  Score /20

## Subtracting Digits 0-20

### Day (79)

| | | | |
|---|---|---|---|
| 20 − 6 | 18 − 1 | 18 − 2 | 19 − 10 |
| 16 − 11 | 20 − 8 | 16 − 7 | 16 − 12 |
| 16 − 15 | 17 − 5 | 18 − 12 | 18 − 7 |
| 16 − 15 | 20 − 6 | 16 − 12 | 16 − 8 |
| 18 − 11 | 16 − 10 | 16 − 5 | 16 − 2 |

Name _____  Score /20

Subtracting Digits 0-20

Day (80)

```
   16        20        16        19
-  14     -  15     -   9     -   6
  ====      ====      ====      ====


   18        20        20        16
-  15     -   2     -   4     -   1
  ====      ====      ====      ====


   16        20        19        18
-  15     -   7     -   4     -  10
  ====      ====      ====      ====


   16        16        20        17
-   7     -  15     -  14     -  10
  ====      ====      ====      ====


   20        16        18        20
-  10     -  10     -  15     -   7
  ====      ====      ====      ====
```

Name _____   Score /20

## Adding and Subtracting

### Day (81)

```
   19        19        11        19
+   2     -  7      +   9     -  4
_____    _____    _____    _____


   19        18        20        20
+   2     -  3      + 10      -  0
_____    _____    _____    _____


   19        17        18        15
+   4     -  4      +  6      -  1
_____    _____    _____    _____


   16        11        19        11
+ 10      -  5      +  6      -  4
_____    _____    _____    _____


   19        15        16        20
+   0     -  4      +  5      - 10
_____    _____    _____    _____
```

Name _____   Score /20

## Adding and Subtracting

### Day (82)

```
   16          14          18          13
+   5       -   7       +   8       -   4
_____       _____       _____       _____


   17          15          12          19
+   6       -   8       +   3       -   7
_____       _____       _____       _____


   15          16          13          11
+   8       -   8       +   6       -   6
_____       _____       _____       _____


   12          11          12          20
+   0       -   0       +   3       -   9
_____       _____       _____       _____


   12          18          17          11
+   1       -   4       +   8       -   6
_____       _____       _____       _____
```

Name _____   Score /20

## Adding and Subtracting

### Day (83)

| 20 + 0 | 19 − 5 | 14 + 3 | 16 − 3 |

| 12 + 2 | 15 − 2 | 16 + 5 | 17 − 8 |

| 16 + 0 | 20 − 7 | 12 + 9 | 14 − 8 |

| 20 + 10 | 16 − 8 | 17 + 10 | 18 − 1 |

| 19 + 9 | 17 − 10 | 11 + 10 | 11 − 4 |

Name _____  Score /20

## Adding and Subtracting

### Day (84)

|  13    |  13    |  18    |  20   |
| + 3    | - 10   | + 0    | - 10  |

|  14    |  13    |  11    |  12   |
| + 5    | - 0    | + 3    | - 8   |

|  18    |  13    |  15    |  18   |
| + 3    | - 3    | + 4    | - 4   |

|  20    |  13    |  13    |  17   |
| + 5    | - 1    | + 8    | - 3   |

|  19    |  13    |  14    |  17   |
| + 0    | - 8    | + 7    | - 7   |

Name _____  Score /20

## Adding and Subtracting

### Day (85)

```
   13          11          16          14
+   6       - 10        +   6        -  3
_____       _____       _____       _____


   20          19          12          16
+   5       -  0        +   1        - 10
_____       _____       _____       _____


   19          13          20          12
+   3       -  4        +   3        - 10
_____       _____       _____       _____


   14          17          14          12
+   7       -  0        +   2        -  2
_____       _____       _____       _____


   16          16          12          18
+   0       -  0        +   7        -  6
_____       _____       _____       _____
```

Name _____  Score /20

## Adding and Subtracting

### Day (86)

|   |   |   |   |
|---|---|---|---|
| 11 + 10 | 20 − 3 | 20 + 5 | 12 − 2 |
| 20 + 9 | 19 − 0 | 13 + 6 | 20 − 0 |
| 16 + 0 | 17 − 1 | 19 + 4 | 16 − 5 |
| 17 + 7 | 18 − 4 | 12 + 8 | 16 − 6 |
| 18 + 0 | 12 − 4 | 11 + 5 | 16 − 3 |

Name _____   Score /20

## Adding and Subtracting

### Day (87)

| 11 + 2 | 15 − 10 | 13 + 8 | 16 − 9 |

| 12 + 1 | 17 − 0 | 15 + 3 | 18 − 10 |

| 12 + 0 | 20 − 7 | 16 + 10 | 11 − 8 |

| 13 + 6 | 15 − 8 | 12 + 2 | 15 − 8 |

| 15 + 7 | 17 − 7 | 20 + 4 | 19 − 6 |

Name _____    Score /20

## Adding and Subtracting

### Day (88)

| | | | |
|---|---|---|---|
| 12 + 0 | 12 − 8 | 13 + 1 | 13 − 0 |
| 14 + 5 | 12 − 2 | 20 + 0 | 17 − 1 |
| 20 + 9 | 17 − 9 | 20 + 8 | 13 − 9 |
| 15 + 4 | 15 − 3 | 15 + 4 | 17 − 6 |
| 11 + 4 | 14 − 0 | 14 + 3 | 13 − 2 |

Name _____  Score /20

## Adding and Subtracting

Day (89)

```
   19         12          17          16
+   8      -  10       +   4       -   5
_____     _____      _____      _____


   18         13          18          19
+   5      -   6       +   4       -   8
_____     _____      _____      _____


   11         19          14          11
+  10      -  10       +   7       -   8
_____     _____      _____      _____


   11         19          13          12
+   9      -   3       +   7       -   1
_____     _____      _____      _____


   17         18          12          15
+   9      -   0       +   2       -   1
_____     _____      _____      _____
```

Name _____   Score /20

## Adding and Subtracting

### Day (90)

```
   13          20          14          17
+   2       -  10       +   4       -   4
 ----        ----        ----        ----


   20          16          20          17
+   9       -   1       +   8       -   5
 ----        ----        ----        ----


   20          18          16          12
+   6       -   1       +   1       -   3
 ----        ----        ----        ----


   20          17          19          12
+   2       -   5       +   5       -   9
 ----        ----        ----        ----


   14          15          20          20
+   9       -   9       +   3       -   9
 ----        ----        ----        ----
```

# Name _____

**Score** /20

## Adding and Subtracting

### Day (91)

```
   17          19         20          19
+  12       -   0      +   6       -   3
_____      _____     _____      _____


   16          18         18          18
+   9       -   5      +   0       -  14
_____      _____     _____      _____


   20          16         20          18
+   3       -   3      +   6       -  11
_____      _____     _____      _____


   15          17         17          20
+  14       -  11      +   0       -  10
_____      _____     _____      _____


   20          16         20          20
+   5       -  14      +   4       -   8
_____      _____     _____      _____
```

# Name _____

**Score /20**

## Adding and Subtracting

### Day (92)

| | | | |
|---|---|---|---|
| 20 <br> + 7 | 18 <br> - 5 | 15 <br> + 0 | 15 <br> - 9 |
| 16 <br> + 11 | 16 <br> - 14 | 19 <br> + 1 | 18 <br> - 10 |
| 20 <br> + 5 | 18 <br> - 3 | 18 <br> + 4 | 20 <br> - 4 |
| 16 <br> + 1 | 19 <br> - 9 | 17 <br> + 11 | 20 <br> - 6 |
| 18 <br> + 10 | 18 <br> - 7 | 18 <br> + 10 | 17 <br> - 12 |

# Name _____   Score /20

## Adding and Subtracting

### Day (93)

```
   17          20          16          16
+  12       -   7       +   3       -   5
_____      _____      _____      _____


   15          15          16          20
+  12       -  10       +  10       -  11
_____      _____      _____      _____


   16          17          15          20
+  13       -  13       +  13       -   4
_____      _____      _____      _____


   15          19          19          18
+  10       -  11       +   0       -   7
_____      _____      _____      _____


   19          17          16          18
+   1       -  13       +   9       -   8
_____      _____      _____      _____
```

Name _____  Score /20

## Adding and Subtracting

### Day (94)

```
   16          18          19          18
+   8       - 14        + 14         -  1
_____      _____      _____      _____


   15          19          17          20
+   2       -  3        +  6         -  4
_____      _____      _____      _____


   20          18          15          16
+  12       -  6        +  5         - 13
_____      _____      _____      _____


   17          18          19          18
+  13       -  3        + 14         -  8
_____      _____      _____      _____


   16          16          18          15
+   9       -  6        +  2         - 12
_____      _____      _____      _____
```

Name _____ Score /20

## Adding and Subtracting

### Day (95)

```
   16          19          16          19
+   3        - 13        + 10        -  1
----         ----        ----        ----


   15          16          18          17
+   9        -  9        +  2        -  2
----         ----        ----        ----


   19          17          16          17
+   9        -  3        +  3        -  7
----         ----        ----        ----


   15          17          19          15
+   9        - 12        +  8        -  0
----         ----        ----        ----


   20          20          19          17
+   1        -  0        +  9        -  9
----         ----        ----        ----
```

Name _____  Score /20

## Adding and Subtracting

### Day (96)

|  |  |  |  |
|---|---|---|---|
| 20 <br> + 11 | 18 <br> − 6 | 16 <br> + 4 | 17 <br> − 13 |
| 20 <br> + 9 | 15 <br> − 5 | 17 <br> + 0 | 15 <br> − 5 |
| 20 <br> + 13 | 17 <br> − 14 | 15 <br> + 3 | 18 <br> − 5 |
| 20 <br> + 3 | 19 <br> − 0 | 18 <br> + 2 | 19 <br> − 6 |
| 17 <br> + 4 | 16 <br> − 1 | 16 <br> + 0 | 16 <br> − 2 |

Name _____  Score /20

## Adding and Subtracting

Day (97)

```
   19          15          17          15
+   1       -   2       +   3       -   5
 ____        ____        ____        ____
 ════        ════        ════        ════


   17          19          20          20
+  12       -  10       +  10       -   5
 ____        ____        ____        ____
 ════        ════        ════        ════


   15          17          17          16
+  14       -  14       +   2       -   9
 ____        ____        ____        ____
 ════        ════        ════        ════


   18          20          15          16
+   8       -   9       +  10       -  14
 ____        ____        ____        ____
 ════        ════        ════        ════


   15          16          20          15
+   6       -   6       +  10       -   0
 ____        ____        ____        ____
 ════        ════        ════        ════
```

Name _____  Score /20

## Adding and Subtracting

### Day (98)

```
   16         16         17         19
+   7      -  11      +   1      -   3
─────      ─────      ─────      ─────
═════      ═════      ═════      ═════


   15         17         15         17
+   6      -   6      +   4      -   3
─────      ─────      ─────      ─────
═════      ═════      ═════      ═════


   16         19         17         20
+  14      -  12      +   8      -   1
─────      ─────      ─────      ─────
═════      ═════      ═════      ═════


   18         20         20         18
+  13      -   2      +   7      -   6
─────      ─────      ─────      ─────
═════      ═════      ═════      ═════


   17         15         15         16
+   3      -   0      +   6      -   4
─────      ─────      ─────      ─────
═════      ═════      ═════      ═════
```

# Name _____

**Score** /20

## Adding and Subtracting

### Day (99)

```
   17          15          16          18
+   3       -   1       +   3       -  14
_____       _____       _____       _____


   18          16          16          20
+  14       -  10       +  14       -   1
_____       _____       _____       _____


   19          19          18          20
+  12       -   7       +   6       -  12
_____       _____       _____       _____


   17          16          20          16
+   0       -   9       +  13       -  12
_____       _____       _____       _____


   15          20          18          20
+   6       -  13       +  10       -   8
_____       _____       _____       _____
```

# Name _____    Score /20

## Adding and Subtracting

### Day (100)

| | | | |
|---|---|---|---|
| 19 + 9 | 16 − 8 | 16 + 2 | 17 − 6 |
| 16 + 11 | 18 − 4 | 18 + 6 | 17 − 8 |
| 18 + 0 | 17 − 12 | 16 + 12 | 19 − 11 |
| 16 + 8 | 19 − 0 | 16 + 8 | 16 − 8 |
| 19 + 6 | 15 − 10 | 20 + 2 | 15 − 8 |

# Answer key

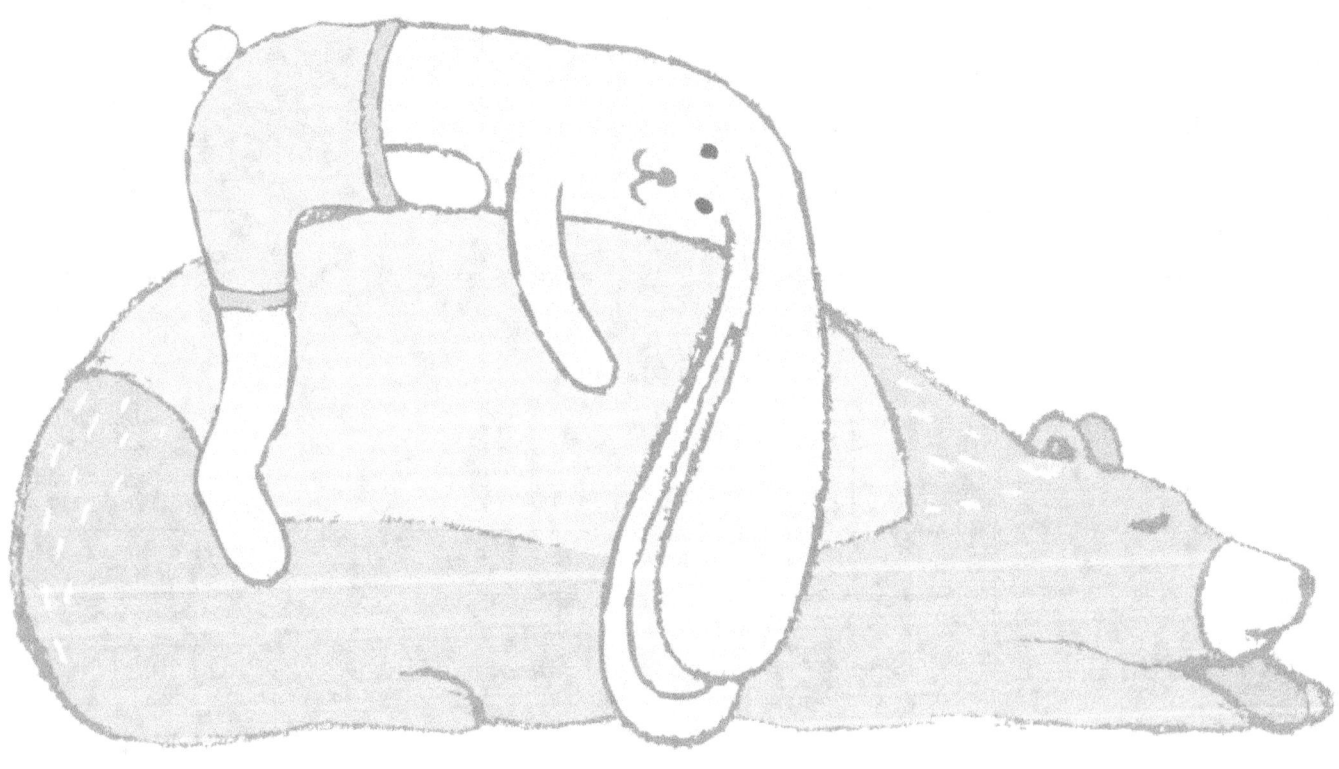

# Adding Digits 0-5

### Day (01)
| | | | | |
|---|---|---|---|---|
| row 1 | 2 | 4 | 1 | 7 |
| row 2 | 4 | 9 | 5 | 1 |
| row 3 | 9 | 4 | 5 | 6 |
| row 4 | 9 | 1 | 0 | 6 |
| row 5 | 3 | 0 | 0 | 4 |

### Day (02)
| | | | | |
|---|---|---|---|---|
| row 1 | 7 | 4 | 6 | 1 |
| row 2 | 6 | 6 | 6 | 6 |
| row 3 | 3 | 8 | 9 | 5 |
| row 4 | 9 | 4 | 5 | 6 |
| row 5 | 5 | 3 | 3 | 4 |

### Day (03)
| | | | | |
|---|---|---|---|---|
| row 1 | 3 | 3 | 5 | 4 |
| row 2 | 6 | 6 | 7 | 6 |
| row 3 | 8 | 9 | 4 | 1 |
| row 4 | 0 | 6 | 5 | 2 |
| row 5 | 5 | 1 | 7 | 9 |

### Day (04)
| | | | | |
|---|---|---|---|---|
| row 1 | 7 | 5 | 10 | 4 |
| row 2 | 5 | 1 | 5 | 5 |
| row 3 | 5 | 2 | 3 | 6 |
| row 4 | 0 | 8 | 5 | 7 |
| row 5 | 0 | 10 | 9 | 6 |

### Day (05)
| | | | | |
|---|---|---|---|---|
| row 1 | 8 | 7 | 7 | 4 |
| row 2 | 4 | 4 | 8 | 10 |
| row 3 | 8 | 1 | 6 | 5 |
| row 4 | 6 | 3 | 2 | 7 |
| row 5 | 4 | 3 | 5 | 3 |

### Day (06)
| | | | | |
|---|---|---|---|---|
| row 1 | 4 | 3 | 5 | 7 |
| row 2 | 7 | 7 | 6 | 6 |
| row 3 | 8 | 4 | 4 | 4 |
| row 4 | 5 | 6 | 5 | 7 |
| row 5 | 7 | 5 | 4 | 8 |

### Day (07)
| | | | | |
|---|---|---|---|---|
| row 1 | 8 | 8 | 5 | 5 |
| row 2 | 7 | 1 | 5 | 8 |
| row 3 | 8 | 5 | 4 | 1 |
| row 4 | 7 | 7 | 3 | 7 |
| row 5 | 5 | 5 | 5 | 7 |

### Day (08)
| | | | | |
|---|---|---|---|---|
| row 1 | 7 | 5 | 0 | 6 |
| row 2 | 7 | 6 | 7 | 7 |
| row 3 | 5 | 6 | 7 | 8 |
| row 4 | 3 | 9 | 3 | 4 |
| row 5 | 3 | 3 | 8 | 7 |

# Adding Digits 0-7

### Day (09)
| | | | | |
|---|---|---|---|---|
| row 1 | 3 | 7 | 1 | 9 |
| row 2 | 8 | 9 | 6 | 8 |
| row 3 | 7 | 1 | 8 | 6 |
| row 4 | 7 | 3 | 4 | 1 |
| row 5 | 7 | 7 | 8 | 4 |

### Day (10)
| | | | | |
|---|---|---|---|---|
| row 1 | 11 | 3 | 8 | 8 |
| row 2 | 11 | 1 | 4 | 10 |
| row 3 | 5 | 4 | 2 | 12 |
| row 4 | 6 | 7 | 4 | 10 |
| row 5 | 7 | 8 | 8 | 14 |

### Day (11)
| | | | | |
|---|---|---|---|---|
| row 1 | 8 | 5 | 9 | 5 |
| row 2 | 8 | 6 | 7 | 4 |
| row 3 | 10 | 7 | 9 | 9 |
| row 4 | 9 | 7 | 6 | 13 |
| row 5 | 11 | 3 | 8 | 9 |

### Day (12)
| | | | | |
|---|---|---|---|---|
| row 1 | 10 | 3 | 2 | 5 |
| row 2 | 11 | 10 | 5 | 3 |
| row 3 | 10 | 7 | 11 | 4 |
| row 4 | 3 | 11 | 5 | 6 |
| row 5 | 8 | 3 | 7 | 8 |

### Day (13)
| | | | | |
|---|---|---|---|---|
| row 1 | 5 | 4 | 8 | 5 |
| row 2 | 11 | 10 | 6 | 9 |
| row 3 | 6 | 6 | 8 | 7 |
| row 4 | 5 | 8 | 8 | 7 |
| row 5 | 2 | 10 | 7 | 9 |

### Day (14)
| | | | | |
|---|---|---|---|---|
| row 1 | 11 | 8 | 12 | 3 |
| row 2 | 13 | 5 | 4 | 4 |
| row 3 | 12 | 11 | 2 | 11 |
| row 4 | 4 | 12 | 9 | 2 |
| row 5 | 5 | 3 | 7 | 10 |

### Day (15)
| | | | | |
|---|---|---|---|---|
| row 1 | 7 | 7 | 13 | 7 |
| row 2 | 1 | 0 | 3 | 9 |
| row 3 | 13 | 6 | 8 | 6 |
| row 4 | 7 | 11 | 1 | 11 |
| row 5 | 7 | 5 | 7 | 2 |

### Day (16)
| | | | | |
|---|---|---|---|---|
| row 1 | 7 | 2 | 7 | 5 |
| row 2 | 10 | 8 | 10 | 5 |
| row 3 | 9 | 8 | 3 | 5 |
| row 4 | 6 | 7 | 10 | 11 |
| row 5 | 9 | 11 | 3 | 12 |

# Adding Digits 0-10

### Day (17)
| | | | | |
|---|---|---|---|---|
| row 1 | 11 | 8 | 4 | 9 |
| row 2 | 3 | 11 | 10 | 12 |
| row 3 | 12 | 19 | 10 | 10 |
| row 4 | 8 | 3 | 11 | 10 |
| row 5 | 3 | 9 | 16 | 5 |

### Day (18)
| | | | | |
|---|---|---|---|---|
| row 1 | 1 | 3 | 10 | 13 |
| row 2 | 15 | 12 | 9 | 12 |
| row 3 | 9 | 2 | 7 | 10 |
| row 4 | 11 | 0 | 8 | 9 |
| row 5 | 3 | 14 | 7 | 4 |

### Day (19)
| | | | | |
|---|---|---|---|---|
| row 1 | 13 | 14 | 13 | 12 |
| row 2 | 17 | 8 | 8 | 11 |
| row 3 | 18 | 6 | 2 | 13 |
| row 4 | 13 | 20 | 6 | 14 |
| row 5 | 8 | 17 | 9 | 12 |

### Day (20)
| | | | | |
|---|---|---|---|---|
| row 1 | 14 | 11 | 10 | 15 |
| row 2 | 9 | 5 | 7 | 8 |
| row 3 | 14 | 5 | 7 | 6 |
| row 4 | 4 | 6 | 11 | 11 |
| row 5 | 1 | 4 | 17 | 11 |

### Day (21)
| | | | | |
|---|---|---|---|---|
| row 1 | 16 | 6 | 6 | 15 |
| row 2 | 17 | 9 | 14 | 11 |
| row 3 | 6 | 2 | 14 | 14 |
| row 4 | 4 | 10 | 7 | 5 |
| row 5 | 12 | 4 | 6 | 8 |

### Day (22)
| | | | | |
|---|---|---|---|---|
| row 1 | 4 | 16 | 9 | 5 |
| row 2 | 7 | 4 | 16 | 12 |
| row 3 | 10 | 10 | 3 | 8 |
| row 4 | 5 | 14 | 6 | 7 |
| row 5 | 7 | 9 | 7 | 4 |

### Day (23)
| | | | | |
|---|---|---|---|---|
| row 1 | 11 | 11 | 11 | 8 |
| row 2 | 8 | 15 | 18 | 9 |
| row 3 | 13 | 1 | 15 | 20 |
| row 4 | 13 | 7 | 8 | 9 |
| row 5 | 19 | 5 | 9 | 10 |

### Day (24)
| | | | | |
|---|---|---|---|---|
| row 1 | 17 | 14 | 9 | 11 |
| row 2 | 14 | 7 | 10 | 2 |
| row 3 | 15 | 5 | 5 | 15 |
| row 4 | 4 | 9 | 13 | 9 |
| row 5 | 14 | 13 | 8 | 6 |

### Day (25)
| | | | | |
|---|---|---|---|---|
| row 1 | 17 | 18 | 8 | 5 |
| row 2 | 8 | 5 | 10 | 15 |
| row 3 | 5 | 9 | 14 | 11 |
| row 4 | 19 | 11 | 10 | 12 |
| row 5 | 11 | 16 | 4 | 10 |

### Day (26)
| | | | | |
|---|---|---|---|---|
| row 1 | 12 | 4 | 15 | 3 |
| row 2 | 3 | 11 | 11 | 5 |
| row 3 | 14 | 10 | 10 | 16 |
| row 4 | 9 | 10 | 14 | 16 |
| row 5 | 4 | 7 | 11 | 5 |

### Day (27)
| | | | | |
|---|---|---|---|---|
| row 1 | 3 | 13 | 9 | 14 |
| row 2 | 8 | 7 | 9 | 9 |
| row 3 | 5 | 14 | 10 | 8 |
| row 4 | 8 | 5 | 4 | 16 |
| row 5 | 8 | 5 | 8 | 13 |

### Day (28)
| | | | | |
|---|---|---|---|---|
| row 1 | 9 | 5 | 6 | 13 |
| row 2 | 7 | 6 | 11 | 13 |
| row 3 | 11 | 13 | 11 | 12 |
| row 4 | 4 | 14 | 10 | 7 |
| row 5 | 5 | 17 | 13 | 13 |

### Day (29)
| | | | | |
|---|---|---|---|---|
| row 1 | 16 | 11 | 13 | 11 |
| row 2 | 5 | 12 | 13 | 16 |
| row 3 | 14 | 18 | 15 | 11 |
| row 4 | 8 | 12 | 11 | 5 |
| row 5 | 6 | 5 | 2 | 14 |

### Day (30)
| | | | | |
|---|---|---|---|---|
| row 1 | 17 | 8 | 10 | 13 |
| row 2 | 7 | 18 | 13 | 4 |
| row 3 | 9 | 4 | 18 | 13 |
| row 4 | 2 | 10 | 12 | 1 |
| row 5 | 9 | 8 | 10 | 13 |

### Day (31)
| | | | | |
|---|---|---|---|---|
| row 1 | 1 | 9 | 10 | 10 |
| row 2 | 10 | 14 | 4 | 12 |
| row 3 | 15 | 7 | 12 | 10 |
| row 4 | 4 | 10 | 8 | 13 |
| row 5 | 2 | 7 | 5 | 13 |

### Day (32)
| | | | | |
|---|---|---|---|---|
| row 1 | 13 | 9 | 8 | 12 |
| row 2 | 1 | 8 | 11 | 1 |
| row 3 | 13 | 12 | 10 | 15 |
| row 4 | 8 | 5 | 14 | 10 |
| row 5 | 12 | 16 | 4 | 12 |

### Day (33)
| | | | | |
|---|---|---|---|---|
| row 1 | 7 | 3 | 12 | 12 |
| row 2 | 12 | 6 | 10 | 15 |
| row 3 | 18 | 16 | 4 | 11 |
| row 4 | 16 | 19 | 13 | 11 |
| row 5 | 18 | 8 | 4 | 17 |

### Day (34)
| | | | | |
|---|---|---|---|---|
| row 1 | 10 | 6 | 1 | 9 |
| row 2 | 14 | 8 | 5 | 16 |
| row 3 | 15 | 15 | 17 | 6 |
| row 4 | 2 | 16 | 9 | 9 |
| row 5 | 15 | 10 | 6 | 10 |

### Day (35)
| | | | | |
|---|---|---|---|---|
| row 1 | 10 | 7 | 11 | 9 |
| row 2 | 10 | 7 | 6 | 10 |
| row 3 | 13 | 9 | 17 | 10 |
| row 4 | 11 | 13 | 10 | 10 |
| row 5 | 1 | 14 | 16 | 14 |

### Day (36)
| | | | | |
|---|---|---|---|---|
| row 1 | 8 | 19 | 12 | 12 |
| row 2 | 7 | 12 | 18 | 10 |
| row 3 | 7 | 15 | 8 | 7 |
| row 4 | 15 | 9 | 9 | 11 |
| row 5 | 7 | 2 | 13 | 18 |

### Day (37)
| | | | | |
|---|---|---|---|---|
| row 1 | 8 | 5 | 14 | 16 |
| row 2 | 13 | 11 | 5 | 12 |
| row 3 | 13 | 13 | 13 | 13 |
| row 4 | 8 | 9 | 10 | 10 |
| row 5 | 11 | 2 | 4 | 6 |

### Day (38)
| | | | | |
|---|---|---|---|---|
| row 1 | 8 | 12 | 3 | 13 |
| row 2 | 6 | 11 | 8 | 19 |
| row 3 | 16 | 11 | 12 | 12 |
| row 4 | 6 | 12 | 15 | 8 |
| row 5 | 5 | 18 | 7 | 13 |

### Day (39)
| | | | | |
|---|---|---|---|---|
| row 1 | 18 | 6 | 16 | 12 |
| row 2 | 7 | 16 | 6 | 16 |
| row 3 | 8 | 14 | 14 | 18 |
| row 4 | 9 | 2 | 6 | 1 |
| row 5 | 13 | 5 | 9 | 6 |

### Day (40)
| | | | | |
|---|---|---|---|---|
| row 1 | 13 | 8 | 14 | 16 |
| row 2 | 18 | 11 | 6 | 11 |
| row 3 | 17 | 9 | 14 | 19 |
| row 4 | 7 | 18 | 7 | 13 |
| row 5 | 8 | 13 | 10 | 13 |

# Subtracting Digits 0-10

### Day (41)
| | | | | |
|---|---|---|---|---|
| row 1 | 2 | 6 | 7 | 5 |
| row 2 | 7 | 5 | 9 | 4 |
| row 3 | 4 | 2 | 6 | 2 |
| row 4 | 2 | 3 | 9 | 6 |
| row 5 | 2 | 5 | 7 | 8 |

### Day (42)
| | | | | |
|---|---|---|---|---|
| row 1 | 9 | 9 | 6 | 7 |
| row 2 | 5 | 6 | 5 | 6 |
| row 3 | 2 | 3 | 8 | 7 |
| row 4 | 8 | 5 | 7 | 2 |
| row 5 | 6 | 3 | 4 | 8 |

### Day (43)
| | | | | |
|---|---|---|---|---|
| row 1 | 9 | 6 | 3 | 4 |
| row 2 | 6 | 6 | 9 | 4 |
| row 3 | 9 | 10 | 7 | 3 |
| row 4 | 6 | 6 | 7 | 1 |
| row 5 | 8 | 6 | 3 | 3 |

### Day (44)
| | | | | |
|---|---|---|---|---|
| row 1 | 5 | 7 | 2 | 6 |
| row 2 | 2 | 8 | 6 | 3 |
| row 3 | 5 | 8 | 7 | 7 |
| row 4 | 6 | 9 | 6 | 8 |
| row 5 | 4 | 5 | 5 | 8 |

### Day (45)
| | | | | |
|---|---|---|---|---|
| row 1 | 5 | 4 | 5 | 2 |
| row 2 | 8 | 7 | 8 | 7 |
| row 3 | 3 | 8 | 8 | 2 |
| row 4 | 5 | 4 | 9 | 8 |
| row 5 | 7 | 7 | 9 | 6 |

### Day (46)
| | | | | |
|---|---|---|---|---|
| row 1 | 2 | 5 | 6 | 6 |
| row 2 | 5 | 5 | 7 | 5 |
| row 3 | 3 | 8 | 8 | 3 |
| row 4 | 5 | 6 | 8 | 2 |
| row 5 | 5 | 7 | 8 | 8 |

### Day (47)
| | | | | |
|---|---|---|---|---|
| row 1 | 6 | 7 | 4 | 9 |
| row 2 | 4 | 3 | 8 | 9 |
| row 3 | 6 | 8 | 2 | 4 |
| row 4 | 10 | 8 | 5 | 7 |
| row 5 | 10 | 5 | 4 | 4 |

### Day (48)
| | | | | |
|---|---|---|---|---|
| row 1 | 4 | 5 | 4 | 7 |
| row 2 | 9 | 2 | 9 | 5 |
| row 3 | 6 | 10 | 5 | 3 |
| row 4 | 4 | 6 | 6 | 8 |
| row 5 | 5 | 6 | 3 | 3 |

# Subtracting Digits 10-20

### Day (49)
| | | | | |
|---|---|---|---|---|
| row 1 | 4 | 3 | 5 | 5 |
| row 2 | 6 | 6 | 4 | 8 |
| row 3 | 6 | 2 | 9 | 10 |
| row 4 | 3 | 4 | 4 | 8 |
| row 5 | 5 | 5 | 5 | 2 |

### Day (50)
| | | | | |
|---|---|---|---|---|
| row 1 | 4 | 5 | 2 | 4 |
| row 2 | 8 | 4 | 4 | 8 |
| row 3 | 7 | 7 | 5 | 3 |
| row 4 | 5 | 5 | 4 | 7 |
| row 5 | 5 | 3 | 1 | 5 |

### Day (51)
| | | | | |
|---|---|---|---|---|
| row 1 | 8 | 7 | 8 | 2 |
| row 2 | 5 | 6 | 4 | 3 |
| row 3 | 8 | 7 | 6 | 3 |
| row 4 | 5 | 5 | 4 | 2 |
| row 5 | 5 | 6 | 3 | 3 |

### Day (52)
| | | | | |
|---|---|---|---|---|
| row 1 | 9 | 9 | 8 | 4 |
| row 2 | 8 | 3 | 8 | 3 |
| row 3 | 5 | 7 | 6 | 4 |
| row 4 | 9 | 7 | 7 | 6 |
| row 5 | 5 | 4 | 8 | 7 |

### Day (53)
| | | | | |
|---|---|---|---|---|
| row 1 | 8 | 9 | 8 | 6 |
| row 2 | 6 | 9 | 4 | 6 |
| row 3 | 6 | 8 | 8 | 7 |
| row 4 | 5 | 7 | 4 | 7 |
| row 5 | 6 | 2 | 7 | 8 |

### Day (54)
| | | | | |
|---|---|---|---|---|
| row 1 | 3 | 6 | 5 | 3 |
| row 2 | 4 | 5 | 5 | 3 |
| row 3 | 7 | 6 | 9 | 2 |
| row 4 | 4 | 3 | 4 | 3 |
| row 5 | 4 | 6 | 6 | 1 |

### Day (55)
| | | | | |
|---|---|---|---|---|
| row 1 | 8 | 9 | 3 | 5 |
| row 2 | 7 | 8 | 7 | 5 |
| row 3 | 8 | 5 | 5 | 4 |
| row 4 | 6 | 7 | 4 | 7 |
| row 5 | 3 | 7 | 7 | 4 |

### Day (56)
| | | | | |
|---|---|---|---|---|
| row 1 | 8 | 5 | 3 | 10 |
| row 2 | 9 | 3 | 8 | 9 |
| row 3 | 7 | 8 | 8 | 4 |
| row 4 | 1 | 4 | 8 | 6 |
| row 5 | 3 | 4 | 6 | 7 |

### Day (57)
| | | | | |
|---|---|---|---|---|
| row 1 | 4 | 6 | 4 | 8 |
| row 2 | 7 | 5 | 3 | 7 |
| row 3 | 5 | 4 | 4 | 6 |
| row 4 | 7 | 10 | 4 | 5 |
| row 5 | 6 | 6 | 6 | 8 |

### Day (58)
| | | | | |
|---|---|---|---|---|
| row 1 | 4 | 9 | 10 | 7 |
| row 2 | 2 | 8 | 1 | 5 |
| row 3 | 8 | 6 | 7 | 5 |
| row 4 | 5 | 2 | 6 | 8 |
| row 5 | 5 | 5 | 4 | 8 |

### Day (59)
| | | | | |
|---|---|---|---|---|
| row 1 | 8 | 10 | 6 | 5 |
| row 2 | 5 | 4 | 8 | 6 |
| row 3 | 4 | 3 | 7 | 5 |
| row 4 | 6 | 4 | 2 | 8 |
| row 5 | 8 | 3 | 4 | 6 |

### Day (60)
| | | | | |
|---|---|---|---|---|
| row 1 | 8 | 7 | 6 | 6 |
| row 2 | 6 | 3 | 6 | 1 |
| row 3 | 5 | 9 | 6 | 3 |
| row 4 | 8 | 3 | 8 | 3 |
| row 5 | 2 | 4 | 6 | 7 |

# Subtracting Digits 0-20

### Day (61)
| | | | | |
|---|---|---|---|---|
| row 1 | 16 | 11 | 18 | 14 |
| row 2 | 15 | 5 | 14 | 14 |
| row 3 | 16 | 10 | 16 | 6 |
| row 4 | 12 | 13 | 9 | 14 |
| row 5 | 11 | 10 | 7 | 8 |

### Day (62)
| | | | | |
|---|---|---|---|---|
| row 1 | 11 | 12 | 9 | 14 |
| row 2 | 10 | 18 | 18 | 2 |
| row 3 | 8 | 9 | 5 | 9 |
| row 4 | 7 | 15 | 14 | 5 |
| row 5 | 13 | 7 | 9 | 10 |

### Day (63)
| | | | | |
|---|---|---|---|---|
| row 1 | 11 | 5 | 5 | 7 |
| row 2 | 8 | 15 | 9 | 16 |
| row 3 | 10 | 16 | 10 | 16 |
| row 4 | 6 | 8 | 11 | 19 |
| row 5 | 6 | 12 | 8 | 9 |

### Day (64)
| | | | | |
|---|---|---|---|---|
| row 1 | 10 | 16 | 13 | 5 |
| row 2 | 12 | 13 | 15 | 9 |
| row 3 | 12 | 10 | 15 | 12 |
| row 4 | 13 | 11 | 13 | 18 |
| row 5 | 13 | 4 | 19 | 11 |

### Day (65)
| | | | | |
|---|---|---|---|---|
| row 1 | 9 | 15 | 13 | 6 |
| row 2 | 11 | 18 | 19 | 16 |
| row 3 | 11 | 13 | 5 | 11 |
| row 4 | 13 | 14 | 15 | 11 |
| row 5 | 16 | 17 | 15 | 14 |

### Day (66)
| | | | | |
|---|---|---|---|---|
| row 1 | 8 | 8 | 16 | 18 |
| row 2 | 13 | 18 | 7 | 12 |
| row 3 | 11 | 8 | 14 | 16 |
| row 4 | 6 | 10 | 13 | 19 |
| row 5 | 11 | 11 | 11 | 11 |

### Day (67)
| | | | | |
|---|---|---|---|---|
| row 1 | 7 | 14 | 12 | 16 |
| row 2 | 19 | 16 | 9 | 9 |
| row 3 | 8 | 13 | 11 | 11 |
| row 4 | 11 | 14 | 16 | 16 |
| row 5 | 10 | 15 | 11 | 5 |

### Day (68)
| | | | | |
|---|---|---|---|---|
| row 1 | 11 | 17 | 5 | 7 |
| row 2 | 14 | 13 | 12 | 12 |
| row 3 | 12 | 15 | 11 | 7 |
| row 4 | 9 | 12 | 13 | 12 |
| row 5 | 11 | 10 | 2 | 12 |

### Day (69)
| | | | | |
|---|---|---|---|---|
| row 1 | 13 | 16 | 14 | 15 |
| row 2 | 10 | 6 | 12 | 3 |
| row 3 | 9 | 9 | 11 | 13 |
| row 4 | 11 | 11 | 3 | 8 |
| row 5 | 4 | 12 | 19 | 9 |

### Day (70)
| | | | | |
|---|---|---|---|---|
| row 1 | 1 | 15 | 11 | 7 |
| row 2 | 13 | 9 | 1 | 11 |
| row 3 | 10 | 9 | 15 | 6 |
| row 4 | 6 | 15 | 13 | 12 |
| row 5 | 19 | 9 | 14 | 12 |

### Day (71)
| | | | | |
|---|---|---|---|---|
| row 1 | 14 | 5 | 7 | 10 |
| row 2 | 5 | 12 | 6 | 8 |
| row 3 | 12 | 9 | 18 | 11 |
| row 4 | 15 | 9 | 9 | 16 |
| row 5 | 7 | 14 | 6 | 9 |

### Day (72)
| | | | | |
|---|---|---|---|---|
| row 1 | 12 | 8 | 13 | 13 |
| row 2 | 6 | 14 | 16 | 11 |
| row 3 | 16 | 11 | 12 | 15 |
| row 4 | 16 | 5 | 15 | 12 |
| row 5 | 8 | 8 | 13 | 16 |

### Day (73)
| | | | | |
|---|---|---|---|---|
| row 1 | 10 | 6 | 11 | 8 |
| row 2 | 9 | 10 | 11 | 4 |
| row 3 | 11 | 7 | 12 | 8 |
| row 4 | 20 | 10 | 15 | 11 |
| row 5 | 13 | 12 | 17 | 4 |

### Day (74)
| | | | | |
|---|---|---|---|---|
| row 1 | 12 | 6 | 17 | 11 |
| row 2 | 3 | 20 | 18 | 13 |
| row 3 | 13 | 5 | 16 | 15 |
| row 4 | 11 | 12 | 12 | 12 |
| row 5 | 6 | 15 | 12 | 9 |

### Day (75)
| | | | | |
|---|---|---|---|---|
| row 1 | 16 | 16 | 14 | 7 |
| row 2 | 14 | 11 | 19 | 10 |
| row 3 | 16 | 19 | 12 | 12 |
| row 4 | 7 | 15 | 4 | 4 |
| row 5 | 8 | 13 | 11 | 6 |

### Day (76)
| | | | | |
|---|---|---|---|---|
| row 1 | 18 | 6 | 16 | 5 |
| row 2 | 18 | 9 | 1 | 16 |
| row 3 | 7 | 15 | 16 | 5 |
| row 4 | 14 | 17 | 4 | 6 |
| row 5 | 5 | 5 | 6 | 8 |

### Day (77)
| | | | | |
|---|---|---|---|---|
| row 1 | 16 | 7 | 8 | 15 |
| row 2 | 3 | 16 | 18 | 2 |
| row 3 | 16 | 17 | 7 | 16 |
| row 4 | 11 | 19 | 12 | 11 |
| row 5 | 20 | 12 | 14 | 14 |

### Day (78)
| | | | | |
|---|---|---|---|---|
| row 1 | 9 | 8 | 5 | 4 |
| row 2 | 14 | 5 | 7 | 7 |
| row 3 | 14 | 18 | 18 | 2 |
| row 4 | 11 | 4 | 10 | 11 |
| row 5 | 6 | 16 | 15 | 4 |

### Day (79)
| | | | | |
|---|---|---|---|---|
| row 1 | 14 | 17 | 16 | 9 |
| row 2 | 5 | 12 | 9 | 4 |
| row 3 | 1 | 12 | 6 | 11 |
| row 4 | 1 | 14 | 4 | 8 |
| row 5 | 7 | 6 | 11 | 14 |

### Day (80)
| | | | | |
|---|---|---|---|---|
| row 1 | 2 | 5 | 7 | 13 |
| row 2 | 3 | 18 | 16 | 15 |
| row 3 | 1 | 13 | 15 | 8 |
| row 4 | 9 | 1 | 6 | 7 |
| row 5 | 10 | 6 | 3 | 13 |

# Adding and Subtracting

### Day (81)
| row 1 | 21 | 12 | 20 | 15 |
|---|---|---|---|---|
| row 2 | 21 | 15 | 30 | 20 |
| row 3 | 23 | 13 | 24 | 14 |
| row 4 | 26 | 6 | 25 | 7 |
| row 5 | 19 | 11 | 21 | 10 |

### Day (82)
| row 1 | 21 | 7 | 26 | 9 |
|---|---|---|---|---|
| row 2 | 23 | 7 | 15 | 12 |
| row 3 | 23 | 8 | 19 | 5 |
| row 4 | 12 | 11 | 15 | 11 |
| row 5 | 13 | 14 | 25 | 5 |

### Day (83)
| row 1 | 20 | 14 | 17 | 13 |
|---|---|---|---|---|
| row 2 | 14 | 13 | 21 | 9 |
| row 3 | 16 | 13 | 21 | 6 |
| row 4 | 30 | 8 | 27 | 17 |
| row 5 | 28 | 7 | 21 | 7 |

### Day (84)
| row 1 | 16 | 3 | 18 | 10 |
|---|---|---|---|---|
| row 2 | 19 | 13 | 14 | 4 |
| row 3 | 21 | 10 | 19 | 14 |
| row 4 | 25 | 12 | 21 | 14 |
| row 5 | 19 | 5 | 21 | 10 |

### Day (85)
| row 1 | 19 | 1 | 22 | 11 |
|---|---|---|---|---|
| row 2 | 25 | 19 | 13 | 6 |
| row 3 | 22 | 9 | 23 | 2 |
| row 4 | 21 | 17 | 16 | 10 |
| row 5 | 16 | 16 | 19 | 12 |

### Day (86)
| row 1 | 21 | 17 | 25 | 10 |
|---|---|---|---|---|
| row 2 | 29 | 19 | 19 | 20 |
| row 3 | 16 | 16 | 23 | 11 |
| row 4 | 24 | 14 | 20 | 10 |
| row 5 | 18 | 8 | 16 | 13 |

### Day (87)
| row 1 | 13 | 5 | 21 | 7 |
|---|---|---|---|---|
| row 2 | 13 | 17 | 18 | 8 |
| row 3 | 12 | 13 | 26 | 3 |
| row 4 | 19 | 7 | 14 | 7 |
| row 5 | 22 | 10 | 24 | 13 |

### Day (88)
| row 1 | 12 | 4 | 14 | 13 |
|---|---|---|---|---|
| row 2 | 19 | 10 | 20 | 16 |
| row 3 | 29 | 8 | 28 | 4 |
| row 4 | 19 | 12 | 19 | 11 |
| row 5 | 15 | 14 | 17 | 11 |

### Day (89)
| row 1 | 27 | 2 | 21 | 11 |
|---|---|---|---|---|
| row 2 | 23 | 7 | 22 | 11 |
| row 3 | 21 | 9 | 21 | 3 |
| row 4 | 20 | 16 | 20 | 11 |
| row 5 | 26 | 18 | 14 | 14 |

### Day (90)
| row 1 | 15 | 10 | 18 | 13 |
|---|---|---|---|---|
| row 2 | 29 | 15 | 28 | 12 |
| row 3 | 26 | 17 | 17 | 9 |
| row 4 | 22 | 12 | 24 | 3 |
| row 5 | 23 | 6 | 23 | 11 |

### Day (91)
| row 1 | 29 | 19 | 26 | 16 |
|---|---|---|---|---|
| row 2 | 25 | 13 | 18 | 4 |
| row 3 | 23 | 13 | 26 | 7 |
| row 4 | 29 | 6 | 17 | 10 |
| row 5 | 25 | 2 | 24 | 12 |

### Day (92)
| row 1 | 27 | 13 | 15 | 6 |
|---|---|---|---|---|
| row 2 | 27 | 2 | 20 | 8 |
| row 3 | 25 | 15 | 22 | 16 |
| row 4 | 17 | 10 | 28 | 14 |
| row 5 | 28 | 11 | 28 | 5 |

### Day (93)
| row 1 | 29 | 13 | 19 | 11 |
|---|---|---|---|---|
| row 2 | 27 | 5 | 26 | 9 |
| row 3 | 29 | 4 | 28 | 16 |
| row 4 | 25 | 8 | 19 | 11 |
| row 5 | 20 | 4 | 25 | 10 |

### Day (94)
| row 1 | 24 | 4 | 33 | 17 |
|---|---|---|---|---|
| row 2 | 17 | 16 | 23 | 16 |
| row 3 | 32 | 12 | 20 | 3 |
| row 4 | 30 | 15 | 33 | 10 |
| row 5 | 25 | 10 | 20 | 3 |

### Day (95)
| row 1 | 19 | 6 | 26 | 18 |
|---|---|---|---|---|
| row 2 | 24 | 7 | 20 | 15 |
| row 3 | 28 | 14 | 19 | 10 |
| row 4 | 24 | 5 | 27 | 15 |
| row 5 | 21 | 20 | 28 | 8 |

### Day (96)
| row 1 | 31 | 12 | 20 | 4 |
|---|---|---|---|---|
| row 2 | 29 | 10 | 17 | 10 |
| row 3 | 33 | 3 | 18 | 13 |
| row 4 | 23 | 19 | 20 | 13 |
| row 5 | 21 | 15 | 16 | 14 |

### Day (97)
| row 1 | 20 | 13 | 20 | 10 |
|---|---|---|---|---|
| row 2 | 29 | 9 | 30 | 15 |
| row 3 | 29 | 3 | 19 | 7 |
| row 4 | 26 | 11 | 25 | 2 |
| row 5 | 21 | 10 | 30 | 15 |

### Day (98)
| row 1 | 23 | 5 | 18 | 16 |
|---|---|---|---|---|
| row 2 | 21 | 11 | 19 | 14 |
| row 3 | 30 | 7 | 25 | 19 |
| row 4 | 31 | 18 | 27 | 12 |
| row 5 | 20 | 15 | 21 | 12 |

### Day (99)
| row 1 | 20 | 14 | 19 | 4 |
|---|---|---|---|---|
| row 2 | 32 | 6 | 30 | 19 |
| row 3 | 31 | 12 | 24 | 8 |
| row 4 | 17 | 7 | 33 | 4 |
| row 5 | 21 | 7 | 28 | 12 |

### Day (100)
| row 1 | 28 | 8 | 18 | 11 |
|---|---|---|---|---|
| row 2 | 27 | 14 | 24 | 9 |
| row 3 | 18 | 5 | 28 | 8 |
| row 4 | 24 | 19 | 24 | 8 |
| row 5 | 25 | 5 | 22 | 7 |

www.ingramcontent.com/pod-product-compliance
Lightning Source LLC
Chambersburg PA
CBHW081437220526
45466CB00008B/2420